恐龙和史前
文明之谜

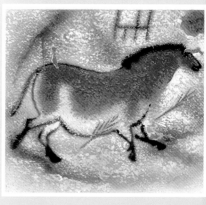

图书在版编目（CIP）数据

恐龙和史前文明之谜 /（法）博蒙著 ；（法）勒马耶
绘 ；吴萱译. — 武汉 ：长江少年儿童出版社，2013.6
（法国趣味图解小百科）
ISBN 978-7-5353-8846-9

Ⅰ. ①恐… Ⅱ. ①博… ②勒… ③吴… Ⅲ. ①恐龙－
儿童读物②史前文化－世界－儿童读物 Ⅳ.
①Q915.864-49②K11-49

中国版本图书馆CIP数据核字(2013)第110223号
著作权合同登记号：图字17-2018-010

恐龙和史前文明之谜

L'imagerie des dinosaures et de la préhistoire

[法] 艾米莉·博蒙 / 著

[法] 玛丽·克里斯汀·勒马耶 / 绘

吴 萱 / 译 策划编辑 / 王浩淼

责任编辑 / 罗 萍 叶 朋 孙冬梅

装帧设计 / 叶乾乾 美术编辑 / 邵 音

出版发行 / 长江少年儿童出版社

经 销 / 全国新华书店

印 刷 / 佛山市剑桥印刷科技有限公司

开 本 / 787×1092 1/16 8印张

版 次 / 2022年10月第1版第8次印刷

书 号 / ISBN 978-7-5353-8846-9

定 价 / 29.80元

Text by Émilie Beaumont
Images by Marie-Christine Lemayeur
Bernard Alunni
Valérie Stetten
© Fleurus Éditions, 1997
ISBN of original title: 978-2-215-06079-6
Simplified Chinese copyright © 2018 Dolphin Media Co., Ltd.
This translation is published by arrangement with Fleurus Éditions

本书中文简体字版权经法国Fleurus出版社授予海豚传媒股份有限公司，
由长江少年儿童出版社独家出版发行。

策 划 / 海豚传媒股份有限公司

网 址 / www.dolphinmedia.cn 邮 箱 / dolphinmedia@vip.163.com

阅读咨询热线 / 027-87391723 销售热线 / 027-87396822

海豚传媒常年法律顾问 / 上海市锦天城（武汉）律师事务所 张超 林思贵 18607186981

法国趣味图解小百科

恐龙和史前文明之谜

[法]艾米莉·博蒙 / 著

[法]玛丽·克里斯汀·勒马耶 / 绘

吴 萱 / 译

长江出版传媒 | 长江少年儿童出版社

恐龙和
史前动物

你了解恐龙多少呢？

科学家们通过研究和组合恐龙化石，进而还原恐龙的样子。

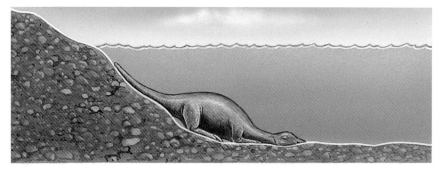

有时候，恐龙尸体可能会被冲到湖底或者河里。

在那里，恐龙的尸体会一点一点地分解，最后只剩下骨骼。

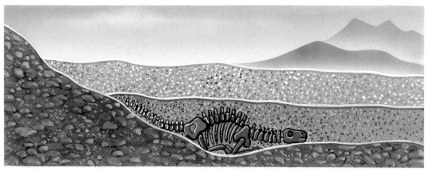

随着时间的推移，沙子、泥土，还有岩石，会逐渐渗入到恐龙的骨骼里面，慢慢形成一个整体。骨骼就变成了化石。

经过几百万年，花岗岩发生了变化，我们有时候可能会在地表发现恐龙化石。

化石上藏着很多细微的秘密。通过化石上面的信息，我们可以推断出恐龙的生活方式。这些研究化石的科学家，我们称之为古生物学者。他们的工作是非常细致入微的。

想找到一幅完整的骨骼化石是非常难的。为了研究化石，必须将它从石头中分离出来。

我们发现了恐龙蛋化石，这就可以推断出：恐龙一般会在土里搭建一个巢穴用来孵蛋。

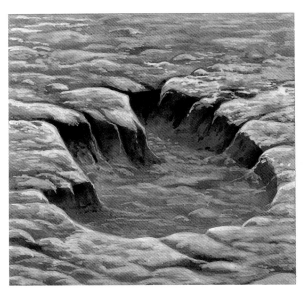

根据恐龙的脚印，我们可以推断出恐龙的重量、速度，以及其他细节。

拼凑恐龙骨骼，就像要完成一个没有图纸的超大型拼图。有时需要好几年才能完成！

脖子很长的恐龙

　　这些恐龙的脖子很长，相当于十辆小汽车头尾相接连起来的长度。它们主要吃植物，因为它们是草食性动物。

腕龙

梁龙

带针刺和板块的恐龙

这些恐龙是四只脚行走的草食性动物。它们的前脚比后脚稍微小一点儿。它们走路非常慢。

剑龙背部的中间长着很大的板块。它尾巴的顶端还长着一些针刺，用来防御敌人的进攻。

肯氏龙的背部长着很多大大的板块和长长的针刺，它的胯部也长着两根针刺，看起来就像剑一样！

凶猛的异特龙

异特龙的牙齿和爪子都非常大，猎物很难逃出它的掌心。

异特龙在扑向比自己体型更大的恐龙时，从来不会犹豫。它是肉食性动物。

恐怖的传播者

霸王龙是体型最大、最凶猛的肉食性动物。笨重的身躯导致它没办法持续跑很久。

霸王龙

艾伯塔龙

惧龙

这些恐怖的恐龙长着有力的下颌和匕首般的尖牙，不给猎物一丝逃走的机会。

头顶上的头冠

副栉龙是恐龙大家族里的小丑。它的头顶上长着一根长长的骨头头冠，这个头冠在副栉龙的一生当中都在不停地生长！

人们猜测，它的头冠是为了发出响声，好让远处的同类可以听到。雌性副栉龙的头冠稍微小一点儿。

不同恐龙的头冠形状也不相同。人们无法确切地知道这些头冠的用途：相互辨认？交流？或者呼吸？

冠龙的头冠看起来很像半个餐盘。雌性的头冠与雄性不同。

生活在古代中国的青岛龙的头冠长在两只眼睛的中间。

赖氏龙的颅骨上长着两个奇怪的头冠。一个高高地长在前面，还有一个像根骨刺伸向后方。

钩型爪子

有些恐龙配备有非常强有力的武器：它们的每根脚趾上都长着大大的尖锐的爪子。

恐爪龙体型虽不大，却是一名充满智慧的快跑运动员。它拥有镰刀一般的爪子，所以非常危险。它经常用自己的爪子将猎物开膛破肚。

在战斗中，伶盗龙可以用它们的大爪子与猎物周旋。在追捕大型猎物的时候，它们往往成群结队。

懂得自我保护的巨兽

有些草食性恐龙的脖子周围长着坚硬的颈圈，头上长着犄角。它们可以抵御肉食性恐龙的进攻，甚至还能反攻肉食性恐龙。

这只巨型三角龙比一辆小汽车还要重。它长着颈圈和三只犄角，与敌人交锋时，勇猛无比。

戟龙和尖角龙来自同一个种族。它们非常健壮，头顶长着犄角，很像我们今天看到的犀牛。

巨型头颅

牛角龙的头颅是所有恐龙里面最大的。它的脖子周围有个超级大的颈圈，是它的盾牌。

牛角龙是出现在地球上的最后一种恐龙。可惜，如今我们只能找到它的头颅化石。

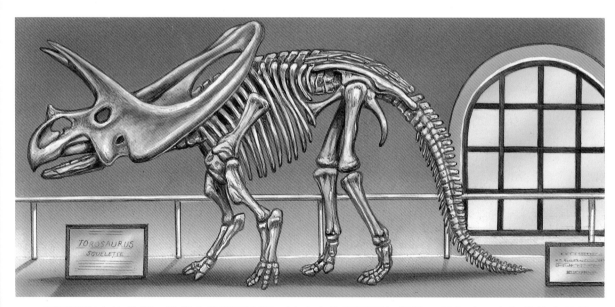

仔细观察它的头颅，我们会发现两个洞，这令它的颈圈更加轻盈。图上这只牛角龙的身体属于同一科系的另一只恐龙。

背上的盔甲

在肉食性恐龙统治的时代，草食性恐龙多亏了一身盔甲，才能保护自己不被咬伤。

想要咬到优头甲龙可不容易：它的背上长满了大大的骨头板块和骨头针刺。只有肚子是它的软肋！

体型较小的绘龙也拥有一个保护盔甲。这两种恐龙的尾巴都很像狼牙棒，是非常有用的武器。

没有牙齿的恐龙

这些恐龙看起来很像鸟儿：它们的嘴巴扁扁的，里面没有牙齿；它们的腿很长，所以跑步很快。

似鸵龙非常像一只鸵鸟。它的高度与人站立着的高度差不多，它的速度可以与一匹骏马相媲美。

偷蛋龙的名声很差，因为它经常偷其他恐龙的蛋来吃。它的嘴巴是钩形的。

带冠螺的恐龙

有些恐龙的头顶上长着非常稀奇古怪的冠螺，这些鼓起来的骨头包在战斗时是它们最有利的武器。

体型巨大的厚头龙也长着冠螺，它的冠螺有剑角龙的三倍大。

我们猜测雄性剑角龙也会头顶头地互相攻击，就好像公羊那样。

长着鸭嘴的恐龙

鸭嘴龙是草食性恐龙，它因长着一张鸭子似的嘴巴而得名。

埃德蒙顿龙

鸭龙

埃德蒙顿龙的鸭嘴前方没有牙齿，但是嘴巴里面却长着成百上千颗整齐的牙齿，用来嚼碎树叶和水果。

鸭龙的嘴巴里面也有无数颗牙齿，帮助它咀嚼大量的树叶和种子。

翼 龙

在恐龙时代，生活着酷似巨型蝙蝠的翼龙，它扇动着巨型翅膀在海面上翱翔，不过翼龙并不是恐龙。

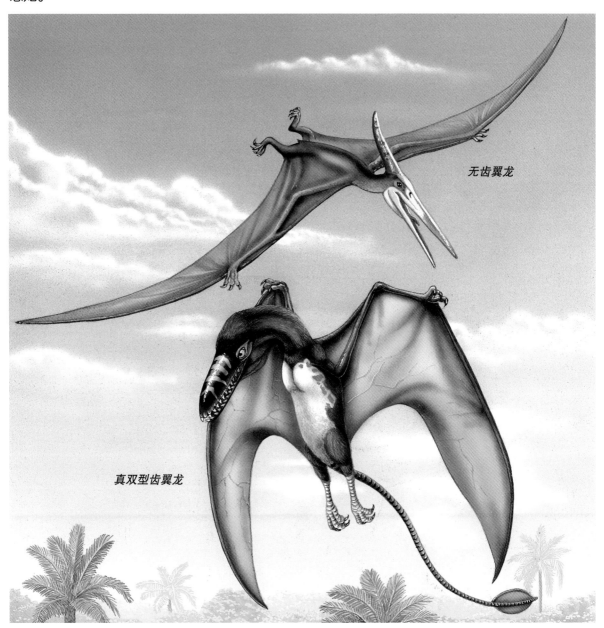

无齿翼龙

真双型齿翼龙

真双型齿翼龙的扁嘴周围长满了牙齿。无齿翼龙的嘴巴很像鹈鹕的嘴，但是没有牙齿，不过，它有个长长的头冠。

天空中的巨鸟

风神翼龙是一种巨型动物，是地球上最大的飞行动物之一。它的重量跟两个成年男子不相上下。

　　风神翼龙能飞。不过因为它的翅膀特别大，所以更多时候它是滑翔。至于它吃什么，到底是动物的尸体、鱼，还是贝壳类呢？对此，科学家们并不确定。

早期的鸟类

早期的鸟类是由陆栖动物演变而来的。虽然它们有翅膀，但是飞得并不好。有些则根本不会飞。

在很长一段时间内，人们都认为始祖鸟是一种恐龙。那时候，人们还没发现它有翅膀和羽毛。始祖鸟飞得并不好，它的那对翅膀只起冲刺或者缓冲的作用。从身形来看，它就像一只巨型的鸽子。

黄昏鸟不会飞，因为它的翅膀实在太小了。不过，它可是一个游泳好手，水下追捕猎物的功夫好着呢。

小型恐龙

有些恐龙的体型非常小。由于体态轻盈，它们在逃避危险和捕捉昆虫的时候，都可以跑得飞快。

美颌龙是所有恐龙里体型最小的，体重还不及一只雌火鸡！它的后腿非常长，主要食物是昆虫和小蜥蜴。这四种恐龙里，只有莱索托龙是草食性恐龙。

离奇的消失

六千五百万年前，恐龙突然从地球上消失了。这次神奇的消失至今仍是个未解之谜。

有些科学家认为，当时巨大的火山喷发，空气中到处弥漫着灰尘和烟雾，阻挡了阳光的照射。一切植物和恐龙都没能安全渡过这场灾难。

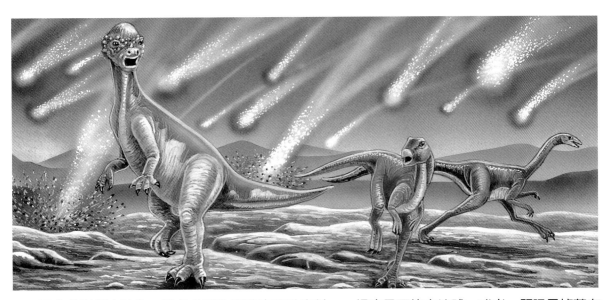

还有些科学家认为，恐龙的消失和宇宙活动有关：一场流星雨撞击地球，或者一颗陨星掉落在我们的星球上，造成了火灾，灰尘漫天飘扬，从此气候都改变了。

恐龙无法适应温度的骤变，只有小型哺乳动物活了下来。

　　恐龙无法适应突然或者频繁的气候转变。如果地球上的天气在极热和极冷之间频繁转变，恐龙可能会因为缺少食物而死去。

　　有些人认为，恐龙是因为吃了有毒的植物而灭绝的。

　　还有些人认为，所有的恐龙蛋都被小型哺乳动物吃光了。

石爪兽

随着恐龙的消失，地球上出现了很多其他奇怪的动物，比如石爪兽。这是一种神奇的动物。

它的体型与马相似，脚上长着大大的爪子，可以用来挖掘地下的根茎和种子。

神奇的哺乳动物

拥有长鼻子的单峰驼，长着分岔的犄角的鹿，有着长脖子的骆驼，多么神奇的哺乳动物啊！

　　一百万年以前，在如今盛产羊驼的地区，生活着长颈驼。它身上长着长毛，有着大大的脚、长长的脖子，还有一个短象鼻，专门用来摘树叶。

这是一只奇角鹿，它有着公牛的犄角，嘴上还长着一个分叉犄角。

古骆驼是一种没有驼峰的骆驼，它有四条大长腿，是很好的健步者。

温和的巨型爸爸

两三百万年前，生活着一种类似巨型熊的动物，它有一根长长的毛尾巴，脚上还有爪子。

大地懒

这是种慢吞吞的草食性动物，没有危险。它用舌头和又长又弯的爪子收集植物，以树叶和根茎为食物。它已经灭绝好几千年了。

鲸鱼的祖先

恐龙灭绝后，海洋里出现了鲸鱼和其他鲸类祖先。

巴基鲸是鲸类祖先之一，
它不太擅长游泳。

原鲸的鱼翼已经开始
出现手掌的形状。

龙王鲸的体型可
与蓝鲸相媲美。

它们就像海蛇一样，有时候也会滑行到陆地上。它们当中有些已经没有鱼鳍了，但是长出了脚掌，比如巴基鲸。还有一些体型非常庞大，比如龙王鲸。

史前鸟

史前鸟经过了漫长的演化才变为如今的鸟的模样。有些史前鸟体型非常大。

阿根廷巨鹰是所有会飞的鸟类中体型最大的。

骨齿鸟属于海鸟，体型庞大，有点像我们今天看到的信天翁。

长老会鸟是鸭子和天鹅的祖先，距今已有五千万年的历史。

两千万年前，水边上生活着红鹤，这是一种与火烈鸟相似的涉禽类。

猴子的祖先

几千万年前，猴子的祖先就已经出现了。

森林古猿

原上猿

更猴

普尔加托里猴

这些动物的外貌与鼩鼱和松鼠类似。在学会像现在的猴子一样行走之前，它们一直在树木中间攀爬着生活。

猿

猿在树丛中生活。它们可以用后脚站立行走。

体型很小的拉玛古猿，一直以来都被认为是人类的祖先。而如今，人们更多地认为它是猩猩的祖先。

巨猿的体型比大猩猩还要大，它的牙齿有大猩猩牙齿的两倍大！尽管看起来非常可怕，但是巨猿并不攻击史前人类，因为它是草食性动物。

大型草食性动物

在犀牛出现以前，地球上已经生活着很多大型草食性动物。有些长着奇形怪状的犄角。

雷兽与犀牛的长相类似。雷兽的犄角很像一个"Y"字。当与雄性雷兽搏斗，防御肉食性动物的时候，它都会使用它的犄角。

巨犀体型巨大，是陆生哺乳动物里体型最大的：是大象的两倍！它可以非常轻松地吃到高处的树叶。

这只健壮的动物吃草和树叶等植物。它们生活在地球的很多地区。

埃及重脚兽的头顶有两个犄角，犄角的外面包裹着一层皮肤。在它的两个犄角和耳朵之间，还长着两个小小的犄角。

尤因它兽长着六个奇怪的犄角，雄性的嘴巴下面还长着几个迷你犄角！它的样子令人印象深刻！但是，和其他几种动物一样，它也是草食性动物。

大象的祖先

这些原始大象和现在的大象看起来比较相似，只是头部有些不同。它们非常喜欢水生植物。

嵌齿象比现在的大象体型稍小，但是它长着四根参差不齐的象牙，所以它可以用牙齿一次性捣碎几千克的草。

铲齿象的牙齿扁扁的，很锋利。它可以用它的象牙触碰到河底，然后铲起水草来吃。有些雄性老象的牙齿长得非常好看。

马的祖先

马的祖先体型很小，没有马蹄，但是每根脚趾下面都长着小肉垫。慢慢地，它们进化成如今的模样。

始祖马是最早出现的马类，体型和狐狸相似。它有一点点儿驼背，每只脚上都长了一些脚趾。经过了漫长的时光，它才长成现代马的模样。

三趾马出现在始祖马之后，它的脚上长着三根脚趾，身高比现代马要矮一些。三趾马是群居动物。

有长角的犀牛

　　史前地球上曾经有一段极度寒冷的时期，这个时期生活着一些犀牛，它们长着一身的长毛和巨大的犄角。

　　板齿犀的体型是所有犀牛中最大的，相当于一头大象。它还长着一只巨大的犄角。

　　披毛犀的皮毛又长又厚，所以它并不惧怕寒冷。它一般用较长的那只犄角从地下挖出草来吃。当感受到危险的时候，它会变得非常凶猛。

尖牙猛兽

美洲剑齿虎是一种非常危险的猛兽。它的肌肉强韧有力，牙齿非常长，很像一把匕首。

美洲剑齿虎丝毫不畏惧大型猎物。它们喜欢猎捕幼年猛犸象，有时候也会攻击马群里的幼马。

神奇的猛犸象

猛犸象浑身长满了毛，有厚厚的脂肪层，所以它能够适应寒冷的气候。它每天可以吞食300千克的植物！

长长的象牙可以帮助它们扫雪或者凿开冰层寻找食物。史前人类非常喜欢猛犸象的尸体，它的肉、皮、骨头和象牙，都是史前人类想要收集的宝物。

洞穴里

有些史前动物习惯生活在洞穴里面。如今，人们在洞穴里还能发现它们的脚印。

　　洞熊的体型比如今我们看到的灰熊稍大。它们往往在洞穴里冬眠和产崽。平时它们都很安静，主要吃植物和水果。一旦感受到危险，它们就会变得非常凶猛。

　　洞鬣狗的皮毛是灰色的，上面还有一些斑点。它们的牙齿非常锋利。它们一般以动物尸体为食，但是非常饥饿的时候，它们也会向居住着人类的洞穴进攻。

草地上

野牛一般都成群结队地生活在广阔的草地上。随着天气逐渐变热，它们也逐渐灭绝了。

原始野牛的体型比现代野牛大很多。欧洲野牛的犄角比美国野牛的稍大一些。

还有一些与现代动物相差无几的哺乳动物，在各大平原上疯狂繁殖。

大角鹿长着巨型犄角。它的鹿角每年都会脱落，然后再长出新的，每次长出的新鹿角都比之前的稍大一点。为了避免它的巨型鹿角与树木交缠在一起，它不得不避开树木繁茂的森林。

原牛也是一种巨型牛类。这是一种非常受人类欢迎的猎物。人类吃它的肉，并且将它的骨头制作成各种工具。

史前存在着一些极度寒冷的时期，在这个时期出现了一些动物，这些动物有些繁衍至今。

这个时期生活着大量的长有长毛的犀牛、驯鹿，以及羱羊和岩羚羊的祖先。

皮毛非常厚的麝牛也出现在这个时期。它们为了寻找食物（苔藓等植物），必须将雪扒开。

史前人类

人类祖先的踪迹

人类祖先出现在五百万年前的非洲。它们属于南方古猿。但是人类祖先究竟是哪一种动物，至今仍旧是个谜。

在非洲发现的南方古猿的头颅

这是一副名叫露西的原始人的骨骼：大约20岁，处于站立状态，拥有猴子的头部。

我们在非洲发现了一副原始人的骨骼，我们称之为露西，这就是人类的祖先。但是有些专家并不赞同这个观点，他们认为露西是人类的远亲。

一旦在观察点发现了骸骨，这些骸骨就会被送往实验室，供专家和古生物学家研究。通过观察和研究，这些专家可以判断出它们的年龄和种类。

南方古猿

迄今为止，人类一共发现了两种南方古猿：一种较为强壮，高约1.65米；另一种比较瘦小，高约1.3米。

根据南方古猿强有力的下颌骨以及臼齿的尺寸，人类判定它们的食物主要有水果、芽、树叶、坚果和根茎。

南方古猿的生活并不容易！它们通过扔石头或者利用尖锐的树枝防御危险的动物。

正面交锋

上文说的两种南方古猿生活在不同时期、不同地点，所以它们永远也不会相遇。

同一种类的南方古猿会为了领土和雌性而大打出手。

南方古猿的活动

干旱时期，植物越来越稀少。南方古猿开始慢慢接受肉类。

它们用石头把骨头砸碎，将骨髓提取出来当作食物。剩下的骨头就可以当作工具了。

据人们猜测，这些小动物一般都是在走出洞穴的时候被击昏猎捕的。

它们有时候用一根树枝刺穿蜥蜴，但有时候也会徒手捕捉蜥蜴。

它们用十分锋利的石头将猎物切成块。

人类真正的祖先——能人

能人是进化之后的南方古猿。他们已经懂得如何使用工具，并且会思考如何制作自己需要的东西。

他们的名字意味着"能干的人"。他们会用砾石将石头砸碎，然后用锋利的石头碎片切断动物的皮。

他们还会使用树枝简单地搭建住处。他们在茅屋的周围摆放一些石头，使它更加坚固。

直立人

能人逐渐进化：他们长高了，头颅也变得更大。一个新的人种出现了：直立人。

直立人一开始惧怕火，但是慢慢地，他们学会了靠近火，生火和使用火。

直立人发现被火烧过的木头顶部变得十分尖锐。于是他们渐渐发明了长枪。

火从天降

天空中划过一道闪电，一声巨雷响彻云霄，突然，地上的草着火了。这些直立人吓坏了。

远处的火并没有触碰到直立人的茅草屋，于是部落安心了。

慢慢地，火焰熄灭了。直立人走向一具被火烧过的动物尸体。

被火烤过的肉散发出无与伦比的香味，吸引着直立人靠近。这些烤过的肉完全不需要用石头切开，吃起来也毫不费劲。

好奇的直立人经过思考，将木头放置在火里，这样火就可以一直燃烧了。

新型捕猎方式

直立人再也不惧怕火了。他们利用火来捕捉一些怕火的动物。这些猎物看到火之后惊慌失措，很容易被捕获。

直立人利用烧着的树枝将犀牛引向一个水塘。这只犀牛渐渐筋疲力尽了，这时候直立人就会用长枪刺死它。

直立人用锋利的石头将犀牛切成块状，然后搬往他们的营地。

有火之后的生活

为了不让整个部落饿肚子，直立人需要猎捕很多大型的猎物。

直立人再也不生吃肉了。于是最早的烤肉出现了。为了不让火苗熄灭，直立人需要不停地朝火堆里加木头。

夜里，几个直立人会专门守候着茅草屋周围的火堆。因为这些火焰可以吓跑危险的野生动物。

征服火焰

直立人花了很长一段时间才学会生火。因为有了火，直立人才能够安然度过寒冬。

直立人迁移时，用干燥的黏土运送火炭。有了火炭，直立人就可以在新的营地生出新的火苗来。

偶然一天，直立人发现将一根木棍放在一块干燥的木头上旋转，产生的高温也能点燃干燥的枯草。从此，直立人就学会了生火。

击石取火

直立人每天都在改良旧的工具和发明新的工具。直到有一天，火花四溅……从此火就出现在他们的生活中。

这些成年直立人正在教幼年直立人如何将石头切割得更加纤薄，以便更好地切肉和木头。

将两颗石头使劲地相互摩擦，火花就会迸射出来。这些火花可以点燃细枝、干草。

直立人的迁徙

很多部落离开了非洲，踏上了迁徙的路途。于是几千年后，直立人就遍布全球了。

直立人组成一个个小部落进行迁徙。他们穿过一个又一个的山谷，然后定居下来。很多年后，他们的后代又踏上新的征程，寻找另一片土地。

直立人改良的工具

直立人将石头切割出很多面，于是就形成了上图中这个多面体工具。这个工具主要用来杀死动物和敌人，修剪树枝或者压碎骨头。

直立人在逐渐进化。他们思考和想象如何将一块巨大的石头打磨成一个有用的工具。

原始两面石器

为了挖出根茎当作食物，他们发明了一种石头工具，这种石头工具的顶端是尖尖的。

加工两面石器

为了剔除动物的皮毛，他们需要一个切割工具。

寻找住所

　　直立人慢慢进化成了更加高级的人种。他们开始适应各种气候和定居的地区。于是一种新的人种出现了，这就是尼安德特人。

　　地球上的气候非常多变，天气越来越冷。尼安德特人开始披上动物的皮毛，寻找可以躲避严寒的避难所。

　　洞穴里面非常潮湿，于是尼安德特人在洞穴里面搭建起一个窝棚，还在窝棚上覆盖了一些动物皮毛，非常暖和。

捕熊行动

洞穴里并非永远都是空空如也。很多洞穴也是洞熊和洞鬣狗的避难所。

尼安德特人利用火来捕捉洞穴里的动物。他们挥舞着火炬将动物赶出洞穴。

在木头长枪的帮助下，熊倒下了。尽管长着强劲的爪子和尖锐的牙齿，熊也难逃此劫。

在岩洞里定居

洞穴内的生活井井有条。夜晚，尼安德特人会用动物的皮毛遮挡住洞穴的入口，从而躲避刺骨的寒风。

女人将最后一片肉烤了，所有的肉都吃光了。明天，男人们又要开始出门捕猎了。

岩洞里的第一个夜晚

部落将要在一个新的洞穴里度过第一个夜晚。所有人都会睡在窝棚里，因为里面更加温暖。

孩子们睡觉时也穿得很严实。他们都不洗澡。他们在动物的皮毛里面感到非常暖和。

第二天，风渐渐平息了。孩子们用石头砸开几个坚果，这就是他们的早餐了。

捕猎的准备

冬天的捕猎行动非常艰难，因为这个时候并没有很多动物在外面。有时候需要好几天才能抓捕到一个猎物。

出发前，捕猎的男人们都需要储存力气。他们会将肉放在火上烤熟，然后吃掉。

捕猎的男人们还会将动物的皮毛披在肩膀上，然后把木头长枪的顶端放在火里烧得非常尖锐。

出发去捕猎

　　这是一个冰雪覆盖万物的季节，天气非常寒冷。男人们外出打猎，女人和小孩们则留在洞穴周围。

　　当男人们外出打猎时，女人们则去收集木头，维持火苗永远不熄灭。

　　孩子们喜欢玩石头。他们试着将石头准确地丢进树洞里。很快，他们就可以跟着爸爸出去捕猎了。

制作衣物

男人们的任务是打猎，女人们则在家里用动物的皮毛制作衣物。

女人用木桩敲打动物的皮毛，被敲打过的皮毛变得更加紧实。

她用一块刮板将皮毛上的脂肪层刮掉，这样就更加干净了。

接着她将这张皮毛放在火上烤干，用锋利的石头切割皮毛，然后用尖锐的火石在皮毛的周围打孔。最后她用动物皮毛制作皮带，并将皮带穿过衣服上的孔，用来收紧衣服。

寻找猎物

尼安德特人在雪地里行走。他们正在寻找动物的脚印。他们很快会发现一个驯鹿群。

为了弄清楚风的方向，捕猎的人会拔下几根衣服上的毛，然后看看它们飘的方向，从而判断风的方向。他们会朝着相反的方向行走，以免动物闻到他们的气味。

捕猎者正在研究动物脚印，他们发现动物就在不远处。

一群驯鹿出现在一个山谷下的湖泊旁边。

袭 击

这些捕猎者小心翼翼地从山谷上走下来，不发出一点儿响声。他们需要猎捕一只驯鹿当作食物。

驯鹿发现了他们，全都逃跑了。只有一个漏网之鱼，它受伤了。

这只驯鹿无力反抗，它用自己的鹿角和前蹄反击了几下，但是很快就筋疲力尽了，只好乖乖就范。

捕猎归来

尼安德特人将驯鹿切成几部分，然后一起将食物运回洞穴里。还有位捕猎者抓到了一只猞猁。

孩子们高兴地站在门口迎接他们。这些食物足够整个部落吃好几天了。

捕猎归来的盛宴

吃了好几天坚果的女人和孩子们，为捕猎者们准备了一餐丰富的盛宴。

所有人都围在火堆周围，肉也烤上了。他们还吃肝脏、脂肪和脑浆。

接着，他们将大块的肉切成小块，储存在地下的井里面。

猎捕猛犸象

当雪完全融化时，为了抓捕一只重达好几吨的猛犸象，捕猎者们会搭建一个很大的陷阱。

他们先用骨头在地上挖一个洞，然后用火将木桩的顶端烧得尖尖的，接着将之竖立着放置在陷阱里面。

他们将这些树枝尖端朝上地竖立在陷阱里面，然后用树枝和树叶盖在上面。猛犸象一般很难发现这些陷阱。

一只猛犸象掉进了陷阱里。它失去了平衡，无法动弹。这个时候，带着长枪的捕猎者们就会慢慢靠近。其他猛犸象已经全部逃跑了。

这只猛犸象足够一个部落吃很久了。尼安德特人将它切成小块。如果有狼群想要抢夺食物，他们还会与狼群搏斗。

春暖花开

这个早晨，空气不再冰冷，雪也全部融化了，青草又长出来了，美好的日子又来临了。真是出门捕猎的好日子。

整个部落都会走出洞穴。男人们将食物搬出来，用动物的皮毛搭建一个窝棚，然后在平地上生起一堆火。

他们正在建造夏天的住所。他们利用圆木柴和动物的骨头搭建起一个窝棚。

捕猎时期

春夏，他们不愁没有食物。因为漫山遍野都是猎物，河里还有丰富的鱼类。

为了捕鱼，他们利用树枝在河里建造起一个堤坝。

他们用石头砸晕鸟类。

刚刚出生的小鹿很容易抓捕。

一群猎物

在悬崖峭壁地区，动物都会成群结队地聚集在悬崖边上，然后集体冲向下面的空地。

马群被拖向营地或者直接在这里被切割。女人们会用它们的皮毛制作衣服。

猎捕野牛

尼安德特人大部分时间都在捕猎。捕猎是他们的主要活动。

为了避免自己的气味被闻到，他们小心翼翼地朝着猎物靠近。有时候，他们甚至会在身上涂满红泥。

这些捕猎者们离野牛群越来越近。他们将进攻一只幼年野牛。不幸的是，一只大型成年雄性野牛朝他们猛扑过来。

捕猎者受伤了

这只野牛用头部狠狠地撞击了一名捕猎者。其他人虽然有长枪作武器，但也没有办法阻止这只野牛。

这名捕猎者受伤了。他被带回营地。伤口很深，虽然用污泥和草包裹了伤口，他还是死去了。

死去的人将被埋在地下。人们会用猛犸象的骨头在地上挖出一个很大的洞来埋葬尸体。

埋葬捕猎者

这名不幸死去的捕猎者将被埋在地下。人们会将尸体侧放在洞里，然后将他的腿折拢起来。

接着，人们将污泥覆盖在上面。尸体周围摆放着他生前用过的武器、几朵花和一些其他植物。

奇怪的收藏

没有人知道为什么他们杀死洞熊后要将它的头颅保存在洞穴深处。

他们用火炬照亮洞穴，然后将洞熊的头颅放在一个用石头搭成的坑里。

现代人在用石头搭成的坑里发现了很多洞熊的头颅。有些头颅上还穿插着骨头。

克罗马农人

尼安德特人逐渐被克罗马农人取代，这是来自近东地区的人种。他们是天生的艺术家。

这些艺术家在画画的时候创造了很多新的颜色。洞穴被很多长长的火炬和小油灯照亮。

拉斯科洞窟壁画的发现

拉斯科洞窟于1940年在法国的西南部被发现，里面藏着大量史前人类创作的壁画。

　　这个洞穴是四个儿童在和他们的宠物狗玩耍的过程中发现的，它的入口藏在一颗倒在地上的树下面。

　　成千上万的人前来参观这些壁画，很多壁画都被损坏了。所以法国政府将洞窟封闭起来，然后在一个新洞窟里临摹出同样的壁画供人们观赏。

拉斯科2号

在新洞窟里，画家们照着史前人类的绘画工序，复制了这些画。

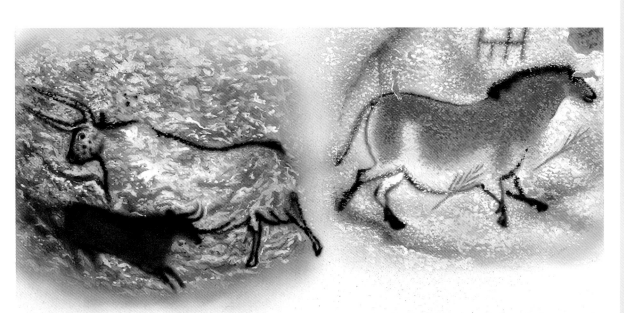

确切地说，壁画上的那些动物并不是活物的复制品，而且也不是所有的动物都重新画在了上面。例如，壁画上很少见犀牛，史前人类经常猎捕的驯鹿更是无影无踪。

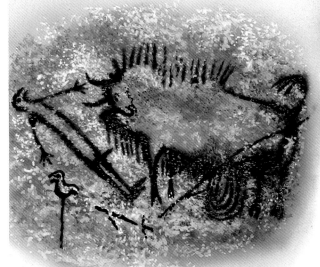

托特中心合成的史前的马。

拉斯科是特别的：人们可以在那里的画中找到人类。

拉斯科2号附近有一座史前博物馆：托特中心。

女性小雕像

现代人发现了大量的圆形的女性小雕像。它们大多是用象牙雕刻而成的。

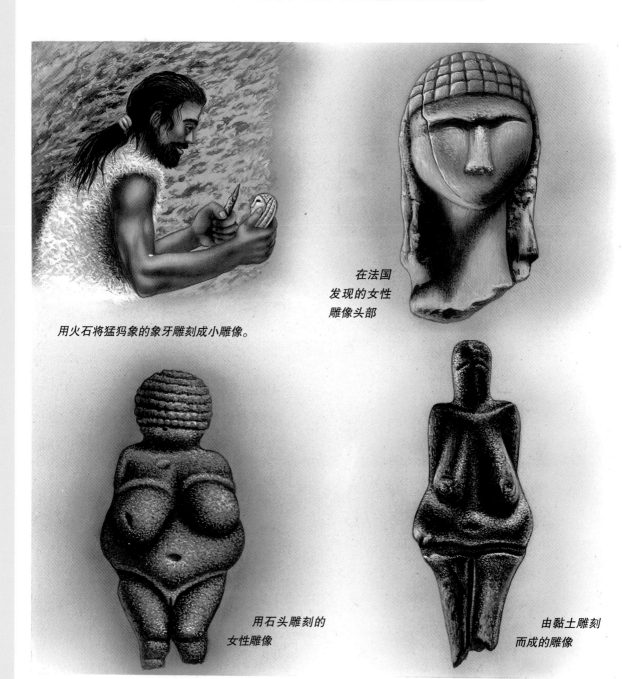

用火石将猛犸象的象牙雕刻成小雕像。

在法国发现的女性雕像头部

用石头雕刻的女性雕像

由黏土雕刻而成的雕像

克罗马农人的工具

克罗马农人发现只有用质量更好的石头才能制作出更好的工具。

钻头

刻痕刮刀

不同的钻刀

钻头用来在动物的皮上钻孔，让皮带、骨头、动物的牙齿以及贝壳从中穿过，装饰衣物。

刮刀用来将木块刮得平滑。

加工技术更加完善，工具越来越精细。

钻刀被绑在树枝上，成为一柄长枪。

针的发明

针的发明是史前人类历史上的一次重大革新。从此以后，人类开始制作真正的衣服以及皮包。

人们运用火石从骨头或者木头上切割出一根针。它的一端被磨得非常细，另一端则凿出一个小孔。

衣服的裁剪越来越精细。人们创造出更多的样式，还创造了衣服上的兜帽。

煮水皮包

人们运用针缝制出各种各样的皮包，用来装水加热。

这个包是用很多块皮缝合而成的。它被悬挂在一个用三根树枝搭建起来的三角支架上。

人们将水、蔬菜和肉放进包里。然后放入几颗滚烫的卵石加热这些水，于是汤就做好了。

光滑的石头

人们将石器工具改良得越来越高级。火石越来越光滑，它的表面平滑且闪亮。

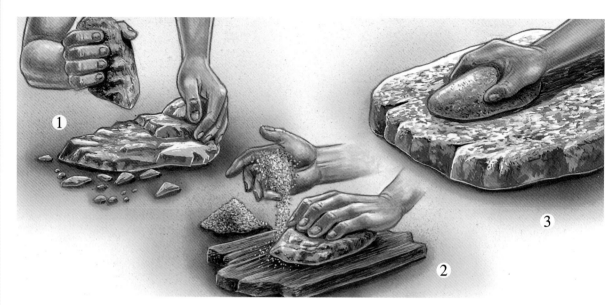

抛光过程：①将火石打磨出来；②在木头上洒满沙子，将火石放在上面摩擦；③将火石放在一块大石头上打磨。

上图是用平滑的石头制作而成的几件斧头。各种样式和尺寸都有。

地上的洞穴

在某些极寒地区，捕猎者会在地下挖出洞穴作为躲避刺骨寒风的避难所。

于是，一部分人用猛犸象的肩胛骨挖洞，另一些人则用火烧树根，将树放倒。

人们会将树干覆盖在挖好的洞上，然后在上面铺上树叶或者动物的皮毛。

房屋的雏形

日子一天天过去，人们逐渐放弃了洞穴。有些人在森林旁边定居，因为这里有大量的猎物。

他们将森林里的一部分树木伐光，用来建造窝棚。这样还能有足够的土地用来耕作。

一根根树桩被插入土里，也就成了房屋的墙。屋顶是尖的，覆盖着动物的皮毛和稻草。

石 屋

在没有森林的地区，人们用打磨好的石头建造房屋。

建造石头房子时，人们将平滑的石头一块块叠起来，并用圆木头固定住。

建好的石头房子看起来像一个大型蜂窝。它只有一个洞口。这样，在炎热的夏天，洞内也非常凉爽舒适。

花岗岩里的窝棚

在某些岛屿，人们会在花岗岩下面建造石头窝棚，这是为了躲避风暴。

这些窝棚的屋顶由皮带和动物的皮毛组成。窝棚内的一切都是用石头做的：凳子、桌子、床……

木筋墙房屋

很多人用黏土和木头来建造房屋。这些材料很常见，并且可以抵御寒冷。

这些木桩被插到土里，每两根之间的距离都差不多。

在这些木桩之间，人们将很多根树枝穿插进去。

人们将土填进树枝之间，这样就可以塞住洞口。

最后，人们将稻草或者芦苇覆盖在屋顶上。

城市的出现

根据人类发现的废墟，最早的城市模样就像下图一样。早期的城市里生活着手工业者。

为了躲避动物和相邻部落的进攻，城市里的房屋没有门，人们都从屋顶进出。

圈养动物

为了保证每天都有食物填饱肚子，人类开始圈养动物。人类捕猎的次数越来越少了。

人类开始养山羊，山羊的肉和奶都可以成为人类的食物，羊奶还可以制作成奶酪。

猪是一种非常好养的动物：它吃人类的剩饭、橡子、水果等。它们的皮可以制作成牢固的皮革。

人类的生活并非总是安逸的。有时候，成群的牲畜会因为干燥或者流行病全部死去。

人类圈养绵羊主要是为了它的肉、奶，还有羊毛。因为这个时候人类已经学会编织了。

这些大型野牛叫作原牛，是现代牛的祖先。它们的犄角则更长更锋利。

农业的发展

为了翻土，切碎泥块，挖沟渠，将种子播种到土里，人类需要更加高级的工具。

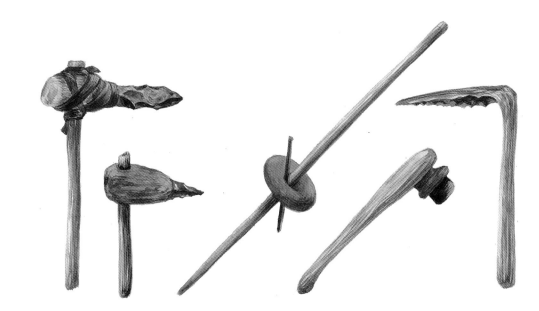

用来挖沟渠和切泥块的工具　　　用作播种的棍子　　　　斧头　　　　切割小麦的镰

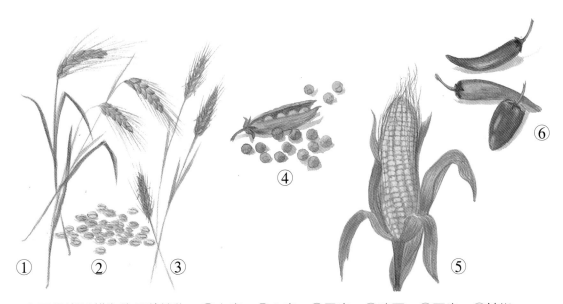

①　　　②　　　③　　　　　　　　　　⑤　　　　　⑥④

上图是当时耕作的几种植物：①大麦，②小麦，③黑麦，④豌豆，⑤玉米，⑥辣椒。

田地里的劳作

随着农业和畜牧业的发展，环境改变了，森林减少了，人类居住的地方逐渐形成了农场。

有些树木被砍伐了，有些被烧掉了。森林变成了田地。

人类挖出整齐的沟渠，播种种子。

随着犁的发明，耕作变得愈发简单了。

有了木头和石头镰刀，收割小麦变得更加容易了。

人类后来又发明了面粉，并用面粉制作出面包。一开始是将饼状的面包放在石头上用木炭烤熟。后来，人类又发明了专门烤面包的炉子。

人类将小麦束铺在地上敲打，然后把从小麦束上掉下来的种子放在光滑的石头上碾碎，最后得到的粉末就是面粉了。

人类将种子储存在地下的井里面，井盖上覆盖着一层黏土，有时候人类也会将种子放在屋顶，这样可以防止种子被动物偷吃掉。

狗

狗是最早被人类驯养的动物。慢慢地，狗成为人类用来捕猎或者看守羊群的忠诚伴侣。

狗会跟着主人一起去打猎。

它们吃主人吃剩的食物，这样也算是帮助主人清理垃圾了。

牧羊人和他的狗一起看守羊群。他用木棍来召回不小心跑远的绵羊。

制作容器

为了携带粮食，保存和烹饪食物，人们需要一些坚固的容器。

第一个陶制容器是用黏土制作的。为了让它更加坚固，人们在黏土里混入了沙子。

另一种办法是将泥土揉成条状摞到一起，我们称之为线圈。

用泥土做一个球，然后用圆形石头将中间挖空，之后就可以烧制这个罐子了。

把泥土做成的球压在一个篮子里，挤压边缘做出一个罐子的形状。脱模成型后，罐子就可以烧制了。

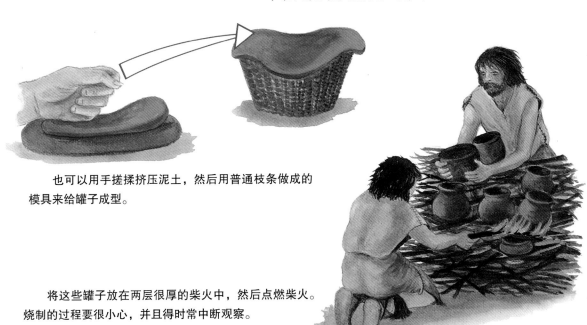

也可以用手搓揉挤压泥土，然后用普通枝条做成的模具来给罐子成型。

将这些罐子放在两层很厚的柴火中，然后点燃柴火。烧制的过程要很小心，并且得时常中断观察。

水面上的移动

有时候需要捉鱼，有时候需要横跨湖泊，这都需要人类学会在水面上移动。男人们慢慢制作出一艘"船"。

渔民跨坐在一节树干上，可以很快地移动。

用斧子把大树干的中间挖空，就成了一个独木舟。

在那些树干不够大的地区，小船是用收集的芦苇捆到一起做成的。

皮　船

随着针的出现，人们用动物的皮将木头和鲸鱼骨缝合到一起，从而做成一艘皮船。

女人们缝制皮革。这是一项非常花费时间的工作，因为皮革是很难刺穿的。随着时间的推移，男人们组装好船的轮廓。

先用皮绳子将木头连接好，再用木头撑开缝好的皮子。这种皮船非常轻。

捕 鱼

捕鱼技术日臻完善，鱼钩和鱼叉也日趋完美。

捕鱼者开始使用更加先进的工具，这是一种顶部有很多分叉和锋利牙齿的鱼叉。

人们利用枝条制作陷阱来捕鱼。

人们还会直接用手抓鱼。

鱼的储藏

渔民没有冰箱！他们偶然发现烟熏过的鱼可以保存很长时间。

人们捕到的大部分是鳟鱼，一般会把它们切成片。

人们将鱼片放置在点着的柴火上。

把水浇到火上，这样就产生了很多烟。

处理了内脏的整条鱼，可以直接熏制。

食 物

观察下面这些原始部落居民的食物。

野猪

三文鱼

兔子

野鸭

小鸟

蜗牛

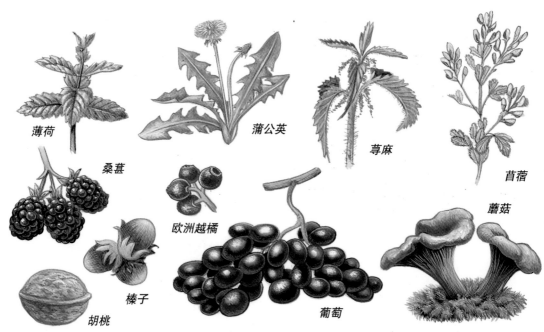

薄荷

蒲公英

荨麻

苜蓿

桑葚

欧洲越橘

蘑菇

榛子

胡桃

葡萄

炊 具

木勺

做奶酪的过滤器

奶锅

浅底盘

搅拌器

小刀

在一些家庭里，人们会建造一个陶制面包烤箱。

人们将肉饼放在平整的石头上，然后用火将之烤熟。

医疗救治

受伤时，人们通常会大量地使用一种掺杂了草药的黏土来缓释疼痛和治愈伤口。

极度寒冷时，很多人的手脚都冻坏了，有些甚至会失去手指。这时候黏土会派上用场。

人们曾经发现过一个钻了孔的颅骨，认为这是一个洞。这到底是为了缓解疼痛还是一种宗教仪式，至今未知。

第一件衣服

考古发现表明，史前人类已经可以编织面料了。

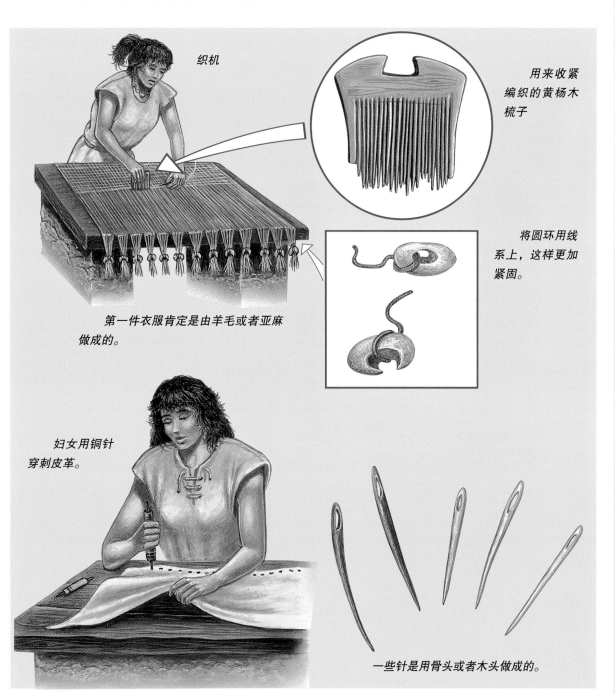

织机

用来收紧编织的黄杨木梳子

将圆环用线系上，这样更加紧固。

第一件衣服肯定是由羊毛或者亚麻做成的。

妇女用铜针穿刺皮革。

一些针是用骨头或者木头做成的。

首 饰

史前人类的项链是用动物牙齿、彩色石头和乳白色珍珠做成的。

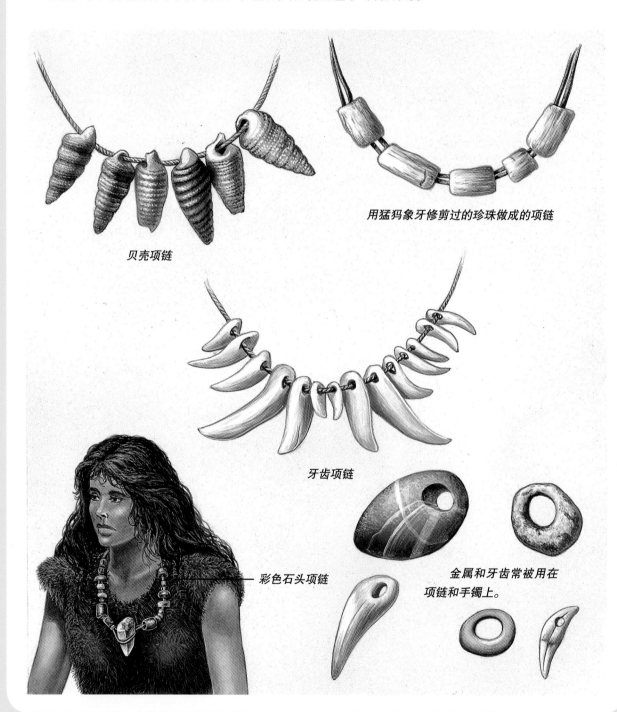

用猛犸象牙修剪过的珍珠做成的项链

贝壳项链

牙齿项链

彩色石头项链

金属和牙齿常被用在
项链和手镯上。

发现金属

寻找火石工具时，人们发现了黄金和铜等矿物。

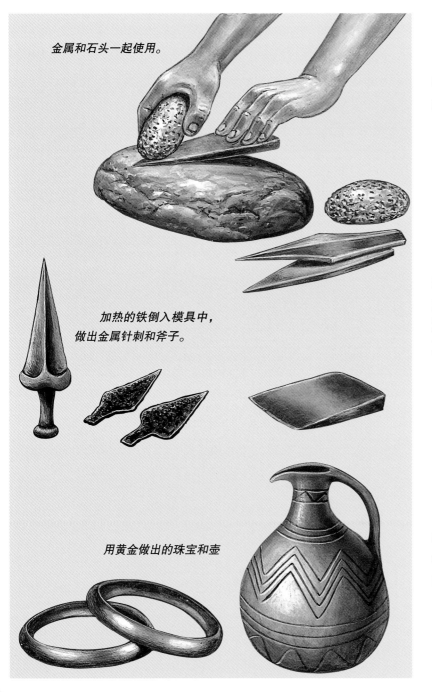

金属和石头一起使用。

加热的铁倒入模具中，做出金属针刺和斧子。

用黄金做出的珠宝和壶

金属在最初使用时，都是未经加工的，通常用来制作武器和工具。

之后，人们发现在高温的烤箱中加热金属，金属会熔化，然后会以液态的形式流入模具中，从而可以塑出更加精准的形状。

再后来，金属被混合在一起。这种进步在更完善的烤箱被发明以后才得以实现。

史前墓石牌坊

　　史前的墓石牌坊就是用一些很大的石头搭成的长廊，在长廊的底部有一个小棚子，里面放置着死人的尸体。

　　在法国，最漂亮且保存最完好的墓石牌坊之一坐落在布列塔尼。它有一个很好听的名字：仙女岩石桌坟。

其他牌坊遍布整个欧洲：意大利、西班牙、葡萄牙、德国、爱尔兰和法国都有牌坊。

巨石建筑的建造

巨石建筑就是用巨大的石块建造的建筑，形状各异。

分割巨大的石块是非常艰难的。首先要在需要分割的地方点上火，等到石块烧热之后浇上冷水使石块炸裂开来，然后用锤子击打分割石块。

有时还需要移动石块。在石块底下放上滚木，男人们拉着巨石移动。

　　为了抬起石块，他们用一个斜坡来吊起石块，然后将石块翻转到一个洞中。这个简单的操作需要许多的男人参与其中。

　　为了把石块放在其他石块上面，他们需要建造一个小山，把石块拉到另外两块石块上面，然后清理掉泥土。

纪念碑

　　纪念碑专门用来纪念死去的人，分布在不同地区的纪念碑，形状也不同，它们的形状取决于在当地所发现的材料。

　　这种类似大型蜂巢的建筑下面隐藏着一些用来举行葬礼的拱门形房间，是人们用大量的石头和泥土建造而成的。

　　这个坟墓下面有一个长廊，被一块很大的石板覆盖着。这里埋葬着一个领导者和他的家人。

石柱

石柱是一种大型的竖立在地上的石块。它们被成列放置。谁也不知道这是用来干什么的，至今这仍然是一个谜！

在布列塔尼语中，"men"的意思是"石头"，"hir"是"长"的意思。

在法国的卡纳克和布列塔尼，四千多个石柱紧挨着竖立在地上。成千上万的游客前来欣赏。

石柱雕像

这些石柱被雕刻成脸、手臂和其他物品。人们认为这些雕像应该代表死亡或者是神灵。

这些石柱雕像在欧洲随处可见。它们零散地出现在森林中，或者聚集在某个地点。

轮子的发明

第一个轮子是用木头制成的。它的发明非常重要，因为它改变了人们的生活。

第一个有轮子的车出现后，人们就用它来运输食物和战士。

后来出现了牛拉的车，农夫们可以更加方便地收获农田里的作物。

车的重要性

车的出现是人类史上极其重大的进步。随着移动方式的改变，人们开始旅行和交换物品。

例如，樵夫可以通过交换木头得到金属，用金属制作斧头，砍树效率就大大提高了。

货车可以把矿物从矿井中运送出来。

有车后，人们出行的距离也越来越远了。

村庄的出现

自从人类开始圈养动物，村庄就逐渐形成了。

这个村庄的外围是一圈沟渠，用来保护村庄免受野兽和敌人的袭击。

坐落在岸边的用木桩支撑的房屋。

早期的房屋是用石头建成的长长的屋子。

湖边的村庄

渔民用木桩在湖边建造起一栋栋房屋，形成一个小村庄。这些房屋内一般有两个房间。

人们借助一颗非常重的石头将粗壮的树干插入河底坚硬的土里。

人们建造起一个木栈道，将村庄和湖岸连接起来，这个木栈道还可以当作停泊船只的码头。

防御城墙

随着时间的推移，村庄越来越多、越来越大。不幸的是，这些村庄经常被侵袭。

尽管村庄的外围有着高高的石墙，但是村庄仍旧会遭受佩戴着弓和箭的敌人的进攻。

宏伟的纪念物——巨石阵

在英国，巨石阵是史前时代最宏伟的建筑物。它的主要作用是宗教意义。

建筑师曾经尝试着重新建造这个宏伟建筑物的外观。如今，这个建筑物只剩下几根竖着的糙石巨柱。

研究者发现，在一年中的某些时刻，这个建筑物的位置与太阳和月亮存在着一定的联系。神秘极了！

史前时代的终结

史前时代终结的标志是文字的出现，但是各个国家对终结时期的认定不尽相同。

上图是最早出现的文字的几个代表作。每一个图画都代表着一个物体、一个人或一个元素。

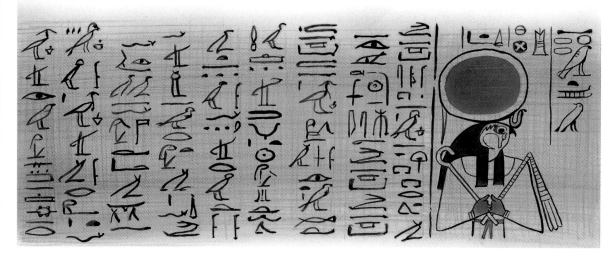

在埃及寺庙的墙上以及古代莎草纸上，我们可以看到古埃及象形文字，这是最早出现的埃及文字。

各种史前动物

根据所学的知识，想一想，下面这些史前动物你都认识吗？

答案：①剑龙；②羽毛龙；③鸭龙；④恐爪龙；⑤三角龙；⑥牛角龙；⑦头甲由龙；⑧甲龙；⑨佩里龙；⑩长颈驼；⑪长足重脚兽；⑫大地懒；⑬尤因他兽；⑭麝牛；⑮洞熊；⑯鬣狗。

125

WAS IST WAS 儿童版

德国先进的体验式教育
棒棒的亲子共读童书

我的第一套 儿童百科 WAS IST WAS 儿童版

畅销60年德国儿童科普

全新升级

★ **25** 册超全知识体系

★ **250** 个孩子好奇的问题

★ **300** 多个情景小插图

★ **900** 个神奇翻翻页

★ 满足 4~8 岁儿童爆棚的**好奇心**

★ **解决** 家长实际的**养育问题**

超多亲子互动小元素，边玩边学，快乐多多

有好玩的小翻页哟！

我的第一套儿童百科 · 全套25册

探索的乐趣
《我们的地球》
《地下世界》
《探秘宇宙》
《天气的奥秘》
《神奇的海洋》
《森林之旅》
《亲亲自然》

生命的秘密
《我爱动物园》
《鲸和海豚》
《恐龙大揭秘》
《马的生活》
《我们的身体》
《宝宝的诞生》

成长了不起
《上学有意思》
《开心农场》
《信的旅行》
《警察故事》
《消防员出发》
《足球小冠军》

小小机械迷
《交通工具》
《卡车真能干》
《一起坐火车》
《忙碌的机场》
《探索大海港》
《热闹的工地》